L'IMPRIMERIE NATIONALE

DE LISBONNE

À L'EXPOSITION UNIVERSELLE DE 1867

PAR

CH. DE PICAMILH

SECRÉTAIRE DE L'ADMINISTRATION DE L'IMPRIMERIE IMPÉRIALE
CHEVALIER DE L'ORDRE IMPÉRIAL DE LA LÉGION D'HONNEUR ET DE L'ORDRE ROYAL DE WASA

PARIS

IMPRIMERIE IMPÉRIALE

M DCCC LXIX

L'IMPRIMERIE NATIONALE

DE LISBONNE

À L'EXPOSITION UNIVERSELLE DE 1867.

L'IMPRIMERIE NATIONALE

DE LISBONNE

À L'EXPOSITION UNIVERSELLE DE 1867

PAR

CH. DE PICAMILH

SECRÉTAIRE DE L'ADMINISTRATION DE L'IMPRIMERIE IMPÉRIALE,

CHEVALIER DE L'ORDRE IMPÉRIAL DE LA LÉGION D'HONNEUR ET DE L'ORDRE ROYAL DE WASA.

PARIS.

IMPRIMERIE IMPÉRIALE.

M DCCC LXIX.

EXPOSITION UNIVERSELLE DE 1867

À PARIS.

LE JURY INTERNATIONAL

DÉCERNE

UNE MÉDAILLE D'OR

À L'IMPRIMERIE NATIONALE DE LISBONNE.

« L'Imprimerie nationale de Lisbonne a mérité, en 1867, un des meilleurs rangs du concours. »

(Extrait des Rapports du jury international, publiés sous la direction de M. Michel Chevalier, sénateur, membre de la Commission impériale de l'Exposition.)

I.

QUELQUES DÉTAILS

SUR

L'IMPRIMERIE NATIONALE.

I.

L'Imprimerie nationale de Lisbonne est une imprimerie d'État.

Instrument nécessaire de l'action gouvernementale, elle est chargée des impressions des ministères et des administrations publiques.

Grande institution nationale, elle marche vaillamment à la tête de l'industrie typographique du Portugal.

Organisée sur des principes analogues à ceux qui régissent l'Imprimerie impériale de France, elle se rapproche davantage de l'Imprimerie impériale de Vienne (Autriche), en ce qu'elle est autorisée, comme cette dernière, à travailler pour les particuliers. — Sa fonderie, notamment, fournit des caractères à presque toute la typographie du royaume et de ses colonies, et à plusieurs imprimeries du Brésil.

La création de cet établissement, originairement

et jusqu'en 1833 IMPRIMERIE ROYALE (*Impressão regia*), date de 1768. — Mais ses débuts furent difficiles, et, en 1848 encore, son importance ne dépassait pas celle d'une imprimerie de troisième ordre.

Dans les vingt dernières années, au contraire, l'Imprimerie nationale de Lisbonne a pris un développement considérable, triplé le chiffre de ses affaires, et réalisé dans l'ordre professionnel des progrès attestés par le succès de son exposition aux grandes assises internationales de 1867.

Cette éclatante transformation est l'œuvre d'un habile administrateur, M. le conseiller Firmo Augusto Pereira Marécos.

Appelé en 1844 aux hautes fonctions de Directeur général de l'Imprimerie nationale, fonctions qu'il remplit encore aujourd'hui, M. le Conseiller Pereira Marécos résolut d'élever cette institution à la hauteur que lui assignait son rôle constitutionnel. Il entreprit un long voyage en Europe pour voir, juger, comparer; il étudia les procédés typographiques spéciaux aux divers pays qu'il parcourut; il noua en

France des relations très-suivies avec l'Imprimerie impériale et, de retour en Portugal, il mit vigoureusement en pratique une expérience puisée aux grandes sources.

En 1848, l'Imprimerie nationale employait 129 personnes, et ses recettes s'élevaient à 226,547 francs. — Elle occupe aujourd'hui 24 agents administratifs ou dirigeant les ateliers : comptables, protes, sous-protes, contre-maîtres ; 221 ouvriers et 59 ouvrières ou apprentis ; au total plus de 300 personnes. Ses recettes en 1866 se sont chiffrées par 645,370 francs.

C'est, en dix-huit ans, un accroissement dans la proportion de un à trois.

L'Imprimerie nationale de Lisbonne ne reçoit pas de subvention de l'État. Son budget doit couvrir ses dépenses par le produit de ses travaux. — Elle verse ses excédants de recettes au Trésor, qui a déjà reçu d'elle, à ce titre, près de trois millions de francs.

Le Directeur général, administrateur supérieur

et responsable, est nommé par le roi. — Lui-même nomme à tous les autres emplois, à l'exception de quelques fonctions comptables réservées à la nomination royale.

Le personnel professionnel placé sous ses ordres est réparti en quatre grandes sections :

La *fonderie*, avec la *gravure* et la *galvanoplastie ;*

La *typographie*, avec la *brochure* et la *reliure ;*

La *lithographie ;*

L'*atelier des cartes à jouer*.

Le travail est rémunéré, soit aux pièces, soit à la journée. L'échelle des salaires varie entre un minimum de 2 fr. 25 cent. et un maximum de 13 fr. 60 cent. suivant les spécialités professionnelles et les aptitudes particulières.

Outre l'avantage considérable d'une permanence du travail, qui a pour conséquence la régularité du salaire, l'Imprimerie nationale offre à son personnel le bénéfice d'une fondation qui répond à des vues élevées de philanthropie et de prévoyance sous la triple forme,

1° D'une Caisse de secours pour les cas de maladie, donnant soit des allocations pécuniaires, soit des médicaments, et assurant la gratuité des soins médicaux;

2° D'une Caisse d'escompte établie sur un principe d'association coopérative;

3° D'une Caisse d'épargne recevant les dépôts des ouvriers contre un intérêt de 3 p. o/o.

Cet ensemble d'œuvres éminemment utiles se trouve dans une situation satisfaisante. — Il serait seulement intéressant de savoir si, dans ses résultats généraux, une caisse d'épargnes volontaires supplée une caisse de retraites légales, alimentée par des retenues proportionnelles sur les traitements et les salaires, et si elle donne aux participants les mêmes sécurités contre la vieillesse ou les infirmités.

Les derniers inventaires fixent à 1,800,000 francs environ l'importance du matériel de l'Imprimerie nationale. Cette valeur élevée est en même temps une valeur réelle, et non pas seulement nominale. Créée, depuis une vingtaine d'années, par substitutions ou par additions au matériel de première organisation, elle est représentée par un outillage perfectionné, qui témoigne du soin avec lequel l'intelligente Administration de l'établissement suit les progrès de la typographie européenne.

L'élément principal de cet outillage a été acheté en France et, pour une faible partie, en Angleterre. — Quelques appareils et machines cependant ont été établis à Oporto, ou à Lisbonne même, soit d'après des modèles connus, soit sur des données indiquées par une pratique professionnelle. Les bons services que l'on en retire laissent prévoir que le Portugal ne tardera pas à s'affranchir en cette matière des charges de l'importation.

La composition possède 588 casses de nouveaux modèles, et les réserves comptent 45,840 kilogrammes de caractères et vignettes.

L'atelier des presses renferme six presses mécaniques, mises en œuvre par une machine à vapeur de la force de six chevaux, et vingt et une presses à bras.

Parmi les presses mécaniques, on remarque deux

presses à gros cylindres et à retiration, de Gaveaux et Nicolais; une presse Dutartre pour le tirage simultané en couleurs, une autre de Hopkinson et Cope.

Les presses à bras comprennent quatre presses anglaises, huit presses françaises de Gaveaux, Nicolais, Capiomont et Dureau; une presse Albion, fabriquée à Oporto, et deux colombiennes, de Gaveaux.

Les presses d'épreuves, au nombre de quatre, appartiennent au système Dupont.

La maison Derriey a fourni les coupeurs biseautiers.

Les presses à glacer sortent de chez Laurent et Deberny, Capiomont et Dureau. — Les machines à couper, de chez Poirier.

Une presse hydraulique, quatre presses à vis pour le satinage, et une machine à six cylindres pour broyer l'encre, complètent ce puissant assemblage des moyens de production.

Le matériel et les dépôts de la fonderie figurent à l'inventaire pour un chiffre de 500,000 francs.

Le gros outillage de cette section se compose de 4 fourneaux, 14 machines à fondre de systèmes divers et modernes, 2 machines anglaises de Clowes et Sons, des machines à clicher, créner, espacer et frotter, d'autres à forer et à guillocher, des pantographes, des scies circulaires, des tours perfectionnés, des appareils galvaniques et stéréotypiques.

Les collections de modèles comptent 8,000 poinçons en acier, 1,768 gravures en cuivre, 228 moules à caractères, variant du corps 3 au corps 192; 85,000 matrices, etc.

La section de lithographie ajoute à l'inventaire 13 presses manuelles, 1 presse mécanique, 1 machine à régler, 1 appareil pour le tirage en couleurs, 1 petite machine à guillocher. — Cette fraction du matériel est évaluée à 30,000 francs.

Ces richesses ne sont pas seulement une source de profits pour l'État, bénéficiaire définitif des améliorations économiques successivement introduites dans une exploitation industrielle gérée en son nom, et, en dernière analyse, pour son compte. Elles constituent, en même temps, un précieux élément d'études et de progrès pour l'industrie typographique du pays. — Libéralement ouverte à tous, l'Imprimerie nationale répand, en effet, avec prodigalité les enseignements de sa pratique, soit dans ses ateliers, soit dans des cours spéciaux organisés sous le professorat d'hommes compétents et désignés par le Directeur général.

II.

L'EXPOSITION

DE

L'IMPRIMERIE NATIONALE.

II.

Les trois grandes sections de l'Imprimerie nationale de Lisbonne, la *fonderie*, la *typographie* et la *lithographie*, ont envoyé à l'Exposition Universelle de 1867 des spécimens de leur production.

FONDERIE.

L'exposition spéciale de la section de fonderie s'ouvre par une collection de poinçons, gravés sur acier, comprenant des caractères romains, corps 12, haut et bas de casse, et des capitales de fantaisie échelonnées du corps 14 au corps 28.

C'est peut-être une tendance regrettable que la propension de la typographie moderne à chercher le beau dans le caprice, et à s'éloigner de plus en plus de la sobriété du dessin et de l'accord rigoureux des proportions qui constituent le secret des admirables types employés par les imprimeurs célèbres des XVIIe et XVIIIe siècles. Le bon goût est du côté de la ligne sévère et pure, offrant à l'œil une image nette, saisissable sans effort et sans fatigue, et l'on ne saurait approuver des écarts d'imagination qui, sans l'excuse d'un but utile, substituent la complication à la simplicité, la confusion à la clarté.

Atelier de fonderie alimentant presque exclusivement, nous l'avons déjà dit, le Portugal et ses colonies, comptant même dans sa clientèle une partie de la typographie brésilienne, l'Imprimerie nationale doit être en mesure de répondre aux demandes qui lui sont faites et, par conséquent, tenir ses assortiments au courant des variations de la mode.

Le spécimen de ses types met à son actif 74 séries de caractères romains et italiques, 343 séries de caractères de fantaisie, etc.

Sa condition d'établissement national, sa situation incontestée à la tête de la typographie portugaise, son commerce même de caractères lui donnent nécessairement d'autre part une action directe sur l'avenir et les progrès de l'industrie regnicole. — A ce titre, c'est un devoir non moins impérieux pour elle de s'appliquer à modérer des entraînements irréfléchis, et de protéger, au besoin, le maintien des saines traditions contre ses propres intérêts de fabricant.

Sa tâche est donc ici bien difficile.

Sous le rapport de l'exécution, l'exposition de fonderie tout entière atteste de sérieuses connaissances professionnelles.

Les poinçons sont irréprochables.

Les planches de fonds pour titres ou actions du trésor ou du crédit foncier ne le cèdent sous aucun rapport aux travaux analogues quotidiennement accomplis par l'industrie parisienne pour les associations de crédit.

D'autres planches, et dans le nombre la gravure d'une médaille représentant LL. MM. Très-Fidèles, gravure obtenue par l'emploi de la machine Wagner, et une planche en cuivre gravé pour les imitations de moiré, sont d'une incontestable supériorité.

Parmi d'heureuses applications de galvanoplastie, il faut accorder une mention spéciale à une planche de timbres-poste (clichée en cuivre) d'un travail très-achevé.

Quelques essais de stéréotypie ferment le chapitre bien rempli de la section.

TYPOGRAPHIE.

Les expositions internationales ont été fécondes en grands résultats.

Stimulé par le rapprochement des procédés et des méthodes de travail, l'esprit de recherche et d'invention a découvert des horizons nouveaux, et, sous l'excitation des plus nobles sentiments d'émulation, l'industrie s'est, dans toutes ses branches, ingéniée à donner la mesure de ses forces.

La typographie, notamment, a opposé aux chefs-d'œuvre des temps passés des monuments dont quelques-uns sont aussi des chefs-d'œuvre.

Ces productions grandioses ont un droit légitime à l'admiration. — Mais, cette satisfaction donnée à l'art, ce serait commettre une erreur grave que de prendre pour arbitres absolus d'une classification industrielle des travaux hors ligne, médités longtemps à l'avance en vue du concours, exécutés à grands frais, en dehors de toutes les conditions d'un fonctionnement normal.

Dans cet ordre d'idées, la victoire ne serait, le plus souvent, que le triomphe du capital.

Se plaçant la première à ce point de vue, l'Imprimerie impériale de France ne s'est pas crue obligée à renouveler, en 1867, les coûteuses productions de grand luxe couronnées aux expositions précédentes. — Elle a jugé que sa qualité d'établissement de l'État lui traçait un tout autre rôle que celui de faire à l'industrie privée une concurrence rendue trop facile par la supériorité de ses moyens d'exécution. — Inaugurant donc un système nouveau, elle a préféré ouvrir la voie des perfectionnements désirables dans une pratique usuelle et quotidienne.

L'Imprimerie nationale de Lisbonne s'est inspirée de pensées analogues. — Son exposition typographique ne présente aucun de ces monuments considérables dont la valeur se mesure bien plus aux dépenses de l'exécution qu'à l'intérêt des résultats obtenus. Mais, par cela même que, jusque dans ses productions de luxe, elle est restée dans les limites de la chose utile et accessible, dans les termes, par conséquent, d'une fabrication normale, cette exposition se signale très-particulièrement à l'attention.

Sous la dénomination d'*éditions communes* (illustrées ou non illustrées), l'Imprimerie nationale de Lisbonne classe une première catégorie de publications comprenant des impressions obtenues par la presse à bras, et des impressions mécaniques.

L'*édition commune* est, son nom l'indique, l'édition ordinaire, sans luxe, sans apprêt, à la portée de toutes les bibliothèques par la modicité de son prix. Lorsque, à cette condition essentielle du bon marché, elle réunit les conditions d'exécution qui constituent le livre bien fait, c'est-à-dire composé selon les règles traditionnelles, avec un caractère convenable et lisible, bien imprimé, d'un aspect agréable, et suffisamment solide pour servir à un usage fréquent, l'*édition commune* satisfait à tout ce qu'on peut exiger d'elle.

Sous le rapport capital du bon marché, les éditions communes de l'Imprimerie nationale se rapprochent de la dernière expression du possible.

Typographiquement, ces mêmes productions sont à l'abri de la critique. — L'impression de la gravure sur bois, fort réussie dans les tirages à la main, l'est suffisamment dans les tirages à la machine pour qu'il soit permis de bien augurer de ces tentatives d'application des procédés mécaniques à un travail aussi délicat. Il ne faudrait pas remonter à une date très-éloignée pour retrouver à ce sujet la négation presque universelle d'espérances qui sont partiellement devenues déjà des faits accomplis et qu'une courageuse persistance réalisera complétement sans doute.

On doit, parmi ces *éditions communes*, citer particulièrement :

Dans les tirages à bras, le *Traité de l'hygiène navale*, le *Cours élémentaire de physique*.

Dans les tirages mécaniques, l'*Histoire du Portugal aux XVIIe et XVIIIe siècles*, le *Manuel élémentaire et pra-*

tique sur les machines à vapeur appliquées à la navigation.

Il convient aussi de ne pas oublier un beau *Missale Romanum*, spécimen d'impression simultanée en couleur, par la machine.

Les *éditions de luxe* opposées par l'Imprimerie nationale de Lisbonne à ses *éditions communes* représentent, comme celles-ci, des emprunts faits aux publications de l'établissement pendant ces dernières années.

Rien, là dedans, n'a été préparé dans l'ombre, par un faux amour-propre, en vue d'une bataille à livrer.

C'est une exposition sincère, la démonstration non des résultats d'un tour de force exceptionnel et coûteux, mais bien de ce que peut et de ce que fait une industrie dans l'exercice régulier de son activité.

Pour affronter ainsi un concours où s'épanouissent dans leur splendeur la plus savante les produits de l'industrie des deux mondes, il faut un grand courage.

L'Imprimerie nationale de Lisbonne n'a pas à se repentir de l'avoir eu, et l'honorable attestation rendue par le jury au mérite de ses travaux, la MÉDAILLE D'OR qui les a couronnés, sont des distinctions d'autant plus flatteuses qu'elles n'ont été sollicitées par aucun artifice.

Ces *éditions de luxe* se distinguent par la pureté des types employés, par des combinaisons de justification qui dénotent un goût éclairé et par la perfection d'un tirage uniforme, sans foulage, qui révèle des intelligences attentives et des mains expérimentées. — L'œil se repose agréablement sur de magnifiques pages où le noir et le blanc s'harmonisent dans de justes proportions. Ces pages sont quelquefois entourées d'encadrements qui marient l'éclat de l'or à des teintes habilement fondues. — *Imprensa nacional e os seus productos*, *Ignez de Castro*, *Luiz de Camões* sont des bijoux typographiques.

Les *spécimens des types de l'Imprimerie nationale* forment l'objet de deux belles éditions in-folio. La première (*Specimen da fundicão de typos da imprensa nacional de Lisboa*, 1858-1866) comprend l'universalité des caractères de la fonderie, des vignettes, des ornements, des armes, des trophées, etc. La seule livraison encore publiée de la deuxième édition renferme soixante et quatorze séries de caractères romains et italiques.

Si l'ensemble de son exposition ne suffisait pas à donner une idée des richesses que l'Imprimerie nationale peut mettre en œuvre, ces spécimens fixeraient à ce sujet toutes les incertitudes.

LITHOGRAPHIE.

Trois volumes grand in-folio représentent la part de la section de lithographie dans l'exposition de l'Imprimerie nationale. — Il y a, dans ces albums, des collections de plans et de cartes, des *fac-simile*, des pages de titre imprimées en or et en couleurs.

La lithographie est d'introduction récente à l'Imprimerie nationale, où elle n'a guère commencé que vers 1860 à prendre un sérieux développement. Mais les produits qu'elle a exposés affirment que ce peu de temps a suffi pour l'élever au niveau de la section typographique. Ses cartes et ses plans sont d'un bon dessin et d'une impression correcte. Ses planches coloriées ont de la fraîcheur et de la vie.

On trouve dans tous ses travaux ce sentiment de l'art qui aide si puissamment la volonté à triompher des obstacles et à marcher d'un pas sûr.

Couronnée déjà à l'Exposition universelle de Londres en 1862, et, en 1865, à l'Exposition internationale d'Oporto, l'Imprimerie nationale de Lisbonne se présentait à l'Exposition universelle de 1867, sous les auspices de ce double succès.

Sa production à ce dernier concours n'en a pas moins été, pour beaucoup de personnes, une révélation.

Classée désormais, il lui reste à soutenir le rang qu'elle a su conquérir si rapidement dans l'industrie européenne. Le progrès ne connaît pas de limites, et, grande loi de l'humanité, il est aussi la condition vitale des institutions.

1869

www.ingramcontent.com/pod-product-compliance
Ingram Content Group UK Ltd.
Pitfield, Milton Keynes, MK11 3LW, UK
UKHW020503230726
13925UKWH00005B/2082